Michael Papenberg

Kommissar Focks ermittelt

Bio-Krimis für schlaue Kids

kbv LUZERN

Für Laura

und alle neugierigen Kinder

Michael Papenberg
Kommissar Focks ermittelt
Bio-Krimis für schlaue Kids

Satz und typografische Gestaltung: Susanne Dölz
Reproduktion: Lana Repro, Lana
Druck und Bindung: Lana Repro, Lana
Gedruckt auf 100% Recyclingpapier

Printed in Italy

ISBN 3-276-00216-7

Die Deutsche Bibliothek – CIP-Einheitsaufnahme
Papenberg, Michael:
Kommissar Focks ermittelt: Bio-Krimis für schlaue Kids/
Michael Papenberg.- Aarau/Switzerland: kbv Luzern 2000
ISBN 3-276-00216-7

Dieses Buch gehört

Michael Papenberg
wohnt am Rande eines großen Waldes und arbeitet als selbstständiger Grafiker für verschiedene Einrichtungen im Umwelt- und Naturschutz. Er verbringt viel Zeit im Freien um die Natur zu beobachten. Von ihm sind beim kbv LUZERN bereits drei Bücher erschienen.

Außerdem von Michael Papenberg beim kbv LUZERN:
Rund um die Kastanie: Ein Baum im Kreislauf der Natur
Nachbarn unterm Blätterdach: Wie Tiere im Wald miteinander leben
Eine Wohnung auf der Wiese: Wie Tiere auf Feld und Wiese miteinander leben

Das findet ihr in diesem Buch:

Kommissar Focks löst jeden Fall!

Jedes Tier in Feld, Wald und Wiese kennt ihn: Kommissar Reinhard Focks vom Polizeirevier »Hinter der Hecke«. Wo immer etwas Rätselhaftes passiert ist, wird er gerufen. Unterstützt wird er bei seiner Spürarbeit von seinem Assistenten Harry Daxler. Ihr Motto: »Wir knacken jede Nuss und lösen jeden Fall!«

Kein Wunder – Füchse gelten ja als besonders schlaue Tiere. Ein Dachs wäre aber in Wirklichkeit keine brauchbare Hilfe. Den größten Teil des Tages verschläft er, im Winter steckt er oft tagelang die Nase nicht aus dem Bau. Zwar teilen sich Fuchs und Dachs manchmal einen großen Bau, gehen sich aber ansonsten lieber aus dem Weg. Und natürlich wisst ihr's sowieso: In der Natur gibt's keinen »Kommissar« und auch keine »Morde« – Tiere töten andere in der Regel nur um selbst zu leben, und nicht, weil sie »böse« sind.

Doch ansonsten ist das Verhalten der Tiere, das in diesem Buch beschrieben wird, den »echten« Tieren in Feld und Wald abgeschaut. Wer sich in der Natur gut auskennt, wird manches Rätsel schnell lösen können.

Außerdem sind im ganzen Buch viele Hinweise zum Lösen der Ratekrimis und Rätsel versteckt. Eine gute Spürnase ist dafür natürlich erforderlich. Auch am Ende des Buches werden einige wertvolle Hinweise verraten. Dieser Pfotenabdruck →  zeigt an, zu welchen Rätseln und Ratekrimis ihr hinten im Buch solche Hinweise findet. Ob ihr richtig kombiniert und geraten habt, erfahrt ihr dann auf den Seiten mit den Lösungen. Vielleicht könnt ja auch ihr am Schluss sagen: *»Ich knacke jede Nuss!«*

Viel Vergnügen bei der Spurensuche!

Fall Nr. 1
Ein Vogelkind gibt Rätsel auf

Es war ein sonniger Vormittag im Juni, als eine Teichrohrsängerin ebenso aufgeregt wie ärgerlich um Hilfe bat: Sie hätte ja schon öfters Junge aufgezogen, aber bei ihrer jetzigen Brut gehe irgendetwas nicht mit rechten Dingen zu. Vielleicht könnte ich, der berühmte Kommissar Focks, der Sache ja mal auf den Grund gehen.
Ich konnte mir zwar nicht recht vorstellen, was für Geheimnisse es beim Aufziehen von jungen Vögeln geben konnte, aber Dienst ist Dienst! Also machte ich mich mit meinem Assistenten Daxler und der Vogelmutter auf den Weg zum Nest, das im Schilfgürtel des Sees lag.

Tatsächlich kam gerade ein Vogel angeflattert, der ebenso unscheinbar braun gefärbt war wie sie. Und jetzt bot sich uns ein höchst merkwürdiges Schauspiel: Der Rohrsängervater landete auf dem Rücken seines Kindes und stopfte ihm eilig ein geflügeltes Insekt und einige Raupen in den riesigen, grellbunten Schlund. Dieses Kind aber war mehr als doppelt so groß wie sein Vater.
»Komischer Vogel ...«, grummelte Daxler in seinen Bart.

Oben auf dem Nestrand duckte sich ängstlich ein grau gefiederter Vogel, offenbar ein Jungvogel, da seine Schwanzfedern noch ganz kurz waren. Als er jetzt die Rohrsängerin bemerkte, plusterte er sich auf und riss seinen Schnabel auf. Augenblicklich wurde die Vogelmutter unruhig. »Entschuldigung, aber mein Kleines hat Hunger. Bin gleich wieder da. Da kommt ja mein Mann.«

Das Vogelkind war, als es schlüpfte, ein Winzling von zweieinhalb Gramm. Zwei Wochen später wog es schon so viel wie fünf Rohrsängerkinder!

In der Tat: Hier stimmte etwas nicht! Eigentlich wollte der Vogelmann gleich wieder los, nahm sich dann aber doch etwas Zeit für unsere Fragen.
Er könne beschwören, dass seine Frau vier Eier gelegt hätte. Aber nur aus einem sei vor drei Wochen ein nackter und blinder Wicht geschlüpft. Die anderen drei Eier seien sogar ganz verschwunden – irgendwie. Und nun wäre aus dem kleinen Wicht eben dieses fremd aussehende, nimmersatte Riesenbaby geworden.
Da weder ich noch mein Assistent wussten, wie Rohrsängerkinder normalerweise aussehen, führte uns der Vogelvater zum Nest einer befreundeten Familie.
Dort konnte uns die gerade anwesende Rohrsängerin Interessantes mitteilen. Ihre drei Kinder waren ebenso alt wie das geheimnisvolle Junge, sahen ihren Eltern aber schon jetzt viel ähnlicher.

»Als ich bereits drei Eier gelegt hatte, fand ich eines Nachmittags bei der Rückkehr zum Nest, dass eines von ihnen inzwischen größer geworden war und sich verfärbt hatte. So ein verhextes Ei wollte ich auf keinen Fall ausbrüten. Wir haben uns deshalb entschlossen, dieses Gelege zu überbauen und noch mal neu anzufangen. Und hier sehen Sie den Erfolg – sind sie nicht prachtvoll, meine Kleinen?«
Das Gesicht meines Assistenten hellte sich auf: »Soll das heißen, die Eier sind noch da? Können wir sie sehen?«
»Ungern, aber wenn's der Aufklärung des Falls dient ... na gut.«
Die Jungen mussten nun auf den Nestrand klettern und ihre Mutter rupfte und zog an den Halmen des Nestbodens, bis sie schließlich durch ein Loch drei kalte Eier empor förderte und in meine Pfote legte. Sie hatte Recht: Eins unterschied sich tatsächlich von den anderen beiden – eine erste Spur!

Wer ist der geheimnisvolle graue Vogel?

Wir begaben uns auf die Suche nach weiteren Zeugen. Aber nur eine alte Ringelnatter konnte oder wollte uns helfen. Wohl auch nur, weil sie sich nach ihrer Häutung etwas ausruhen musste. Neben ihr raschelte das abgestreifte, fast durchsichtige Schuppenkleid im Wind. Wo der Kopf aufhört (oder der Schwanz anfängt?), glänzte frisch ihr Erkennungszeichen: zwei gelbe Halbmonde.
»Vor ein paar Wochen trieb sich hier ein großer grauer Vogel rum. Sah aus, als würde er etwas ausspionieren. Und einmal sah ich ihn an einem der Schilfnester mit einem Ei im Schnabel. Hat er aber gleich selbst runtergeschluckt – leider. Eigentlich interessiere ich mich gar nicht für Vögel. Haben Sie nicht 'nen fetten Frosch gesehen? Nein? Na dann –«, und schon war die Natter zwischen den Sumpfdotterblumen verschwunden.

Tja – spärliche Hinweise. Habt ihr eine Ahnung, was das Geheimnis des zu groß geratenen Vogelkindes ist?

→

Die Ringelnatter – frisch gehäutet

1 So viele Eier! Aber nur ein paar von ihnen sind gleich. Lege sie in die richtige Reihenfolge und die Buchstaben verraten dir den Vogel, der sie gelegt hat.
→

2 Jeder Vogel hat sein Lieblingsessen. Sein Lebensraum, seine Größe oder auch die Form seines Schnabels geben uns einen Hinweis auf seine Beute.
Findest du das passende Futter für jeden der Vögel?
→

3 An einem Dornenzweig hat der Neuntöter seine Beute aufgespießt. Heute wird er die Maus nicht mehr essen. Auch Käfer oder Eidechsen bewahrt er auf diese Weise zum späteren Verzehr auf.

Vor der untergehenden Sonne ist nur der Umriss des Vogels zu erkennen. Welcher ist der richtige?
→

A B C D

4 Blindschleichen sind mit Schlangen nur verwandt, eigentlich sind sie Eidechsen ohne Beine. Auf Wiesen, in Wäldern oder Gärten jagen sie vor allem Nacktschnecken. Wie viele Blindschleichen schlängeln hier herum?

5 In Moor und Heide lebt die Kreuzotter. Allerdings ist sie scheu und selten – und giftig! An ihrem Zackenband-Design kannst du sie leicht von anderen Schlangen unterscheiden. Auch untereinander, denn jede hat ihr eigenes, ganz persönliches Muster.
Welche zwei Schlangen sind hier gleich?

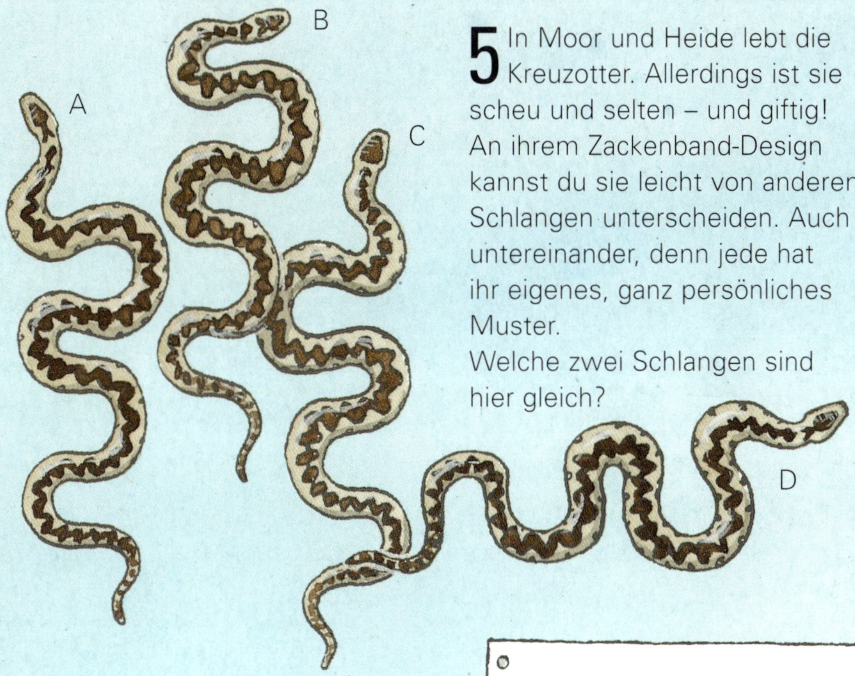

Gesucht wird ...

... ein Tierkind, das kaum Ähnlichkeit mit seinen Eltern hat. Während diese in der Luft nach Insekten jagen, fängt das gesuchte Kind sie unter Wasser. Sogar Kaulquappen und Jungfische erbeutet es mit seiner ausklappbaren Fangmaske. Zwei Jahre lebt es im Wasser, dreizehnmal häutet es sich in dieser Zeit, bis es endlich erwachsen ist. Die leeren Larvenhüllen kannst du im Wasser oder an Pflanzenstängeln finden.

Auf welcher Seite findest du das Tierkind?

6 Der Buntspecht hat Geburtstag. Seine Verwandten kommen zum Feiern. (Achtung, es haben sich einige falsche »Spechte« daruntergemogelt!) Die Buchstaben bei den »richtigen« Spechten verraten das gemeinsame Geschenk.

7 Ein Sommertag am See

a) Von welchen Tierarten findest du mehr als ein Tier im Bild?

b) Welche zwei Tier- und welche zwei Pflanzenarten passen nicht hierher?

c) Welches Tier beginnt und endet mit dem gleichen Buchstaben, welches Tier hat drei L im Namen?

d) Wen schaut die obere Zwergmaus so erstaunt an und was stimmt mit diesem Tier nicht?

e) Wo versteckt sich die Larve der Schaumzikade?

f) Findest du drei Fehler, die mit Wetter und Himmel zusammenhängen?

→

g) Wie weit springen Wasserfrösche?
A = über 1 m
B = über 4 m
C = 8,50 m

Fall Nr. 2
Überfall auf ein Kaninchenohr

Als wir in der Kolonie der Heidekaninchen eintrafen, herrschte dort helle Aufregung. Ein junges Kaninchen war Opfer eines Überfalls geworden. Von seiner zahlreichen Verwandtschaft umringt, saß es wimmernd vor einem der Eingänge zum unterirdischen Bau. Auf einem seiner Ohren sahen wir ein halbkreisförmiges Muster aus vielen kleinen Einstichen, das aber kaum noch blutete. Mein Assistent Daxler versuchte einen Witz: »Sieht fast aus, als hätte da einer mit 'ner Gabel in den Löffel gestochen.«

Darüber konnte allerdings keiner lachen, im Gegenteil: Beim Wort »Löffel« zuckten einige der Hoppler zusammen und blickten sich nervös um, denn diesen Ausdruck benutzen sonst nur die menschlichen Jäger.

Hoppel – auf der Flucht nach dem Überfall

Der Ohrwurm, auch Ohrenkneifer genannt, scheidet als Tatverdächtiger mit Sicherheit aus. Er wagt sich höchstens an Blattläuse heran.

»Es war eine Riesenschlange!«, jammerte der Kleine. (Offensichtlich stand er noch immer unter Schock.)
»Ach was«, mischte sich einer seiner Brüder ein, »höchstens so lang wie ... wie ... also doppelt so lang wie Ihr Schwanz, Herr Kommissar!«
Ich fand diesen Vergleich zwar höchst unpassend – noch dazu von einem halbwüchsigen Stummelschwanzträger –, drehte mich aber doch unwillkürlich nach hinten um.
»Gut, also war der Täter einen guten Meter lang?« Einige der anwesenden Kaninchen schwenkten zustimmend ihre Ohren, obwohl sie wahrscheinlich nur die Schwanzspitze des Täters gesehen hatten – wie das meistens bei Augenzeugen so ist.

Das Hinterteil der Täterin?

Die Kreuzotter – hier auf einem Polizeifoto – war eine alte Bekannte von uns. Ihre Giftzähne machen sie für kleinere Tiere äußerst gefährlich. Aber hat sie auch hier zugebissen?

»Jawohl, lang und grau mit schwarzen Flecken! Und vorn am Kopf gelb.«
»Sie war schneller weg, als wir gucken konnten.« Jedes der Kaninchen wollte nun etwas gesehen haben.
»Bestimmt war es eine Kreuzotter, jetzt muss mein Hoppel sterben!«, rief der Kaninchenvater verzweifelt und trommelte mit den Hinterbeinen auf die Erde.
»Angsthase!«, murmelte Daxler.
Auch ich konnte diesen Verdacht nicht sehr ernst nehmen.
»Sicher eine von diesen grässlichen Nattern aus dem Graben, die sich hier manchmal rumtreiben!«, vermutete jetzt eine der Tanten.
»Am Ende war's bloß 'ne Blindschleiche ...« Harry Daxler verdrehte die Augen. »Schmecken übrigens gar nicht so schlecht.«

Hmm, viele Vermutungen, aber wer war's wirklich? Eine Kreuzotter, eine Ringelnatter oder eine Blindschleiche?

→

8 Mümmel, der Feldhase, ist bei seinen Verwandten zu Besuch. Wo steckt er? Kennst du die anderen Hasen?

9 Hase »Mümmel« und »Hoppel«, das Kaninchen, wollen zum Möhrenfeld. Mümmel läuft hakenschlagend auf den blauen Feldern los: diagonal und immer zwei Felder überspringend. Hoppel saust über die roten Felder, geradeaus oder im rechten Winkel zur Seite, er überspringt dabei nur ein Feld. Wer schafft's mit weniger Sprüngen?

→ 🐾

Gesucht wird ...

...eine Pflanze mit roten Blüten. Die Blütenkugeln bestehen aus 30–50 einzelnen Blüten. Nur die langrüsseligen Hummeln und Falter erreichen den Nektar am Grunde der langen Blütenkelche. Die Blätter sind bei Hasen beliebt. Du brauchst kein Glück um sie zu finden: Im Frühjahr wächst sie in Mengen auf Wiesen und am Wegrand. (Angeblich bringt es aber Glück, wenn du eine dieser Pflanzen mit mehr als den üblichen drei Blättern findest.)

Wo findest du sie im Buch, wie ist ihr Name?

10 Fünf Tiere veranstalten einen Wettlauf über 100 Meter. In welcher Reihenfolge steigen sie aufs Siegertreppchen?

Welche Spur hat der *rasende* Hase gemacht? →

11 Gut getarnt drücken sich die Hasenkinder in die Ackerfurche und warten geduldig, bis ihre Mutter einmal am Tag zum Säugen kommt. Welchen Weg soll die Häsin nehmen? Ihre Hasenfreunde warnen sie: Auf Felder, die durch diese Zahlen teilbar sind, darf sie nicht treten! →

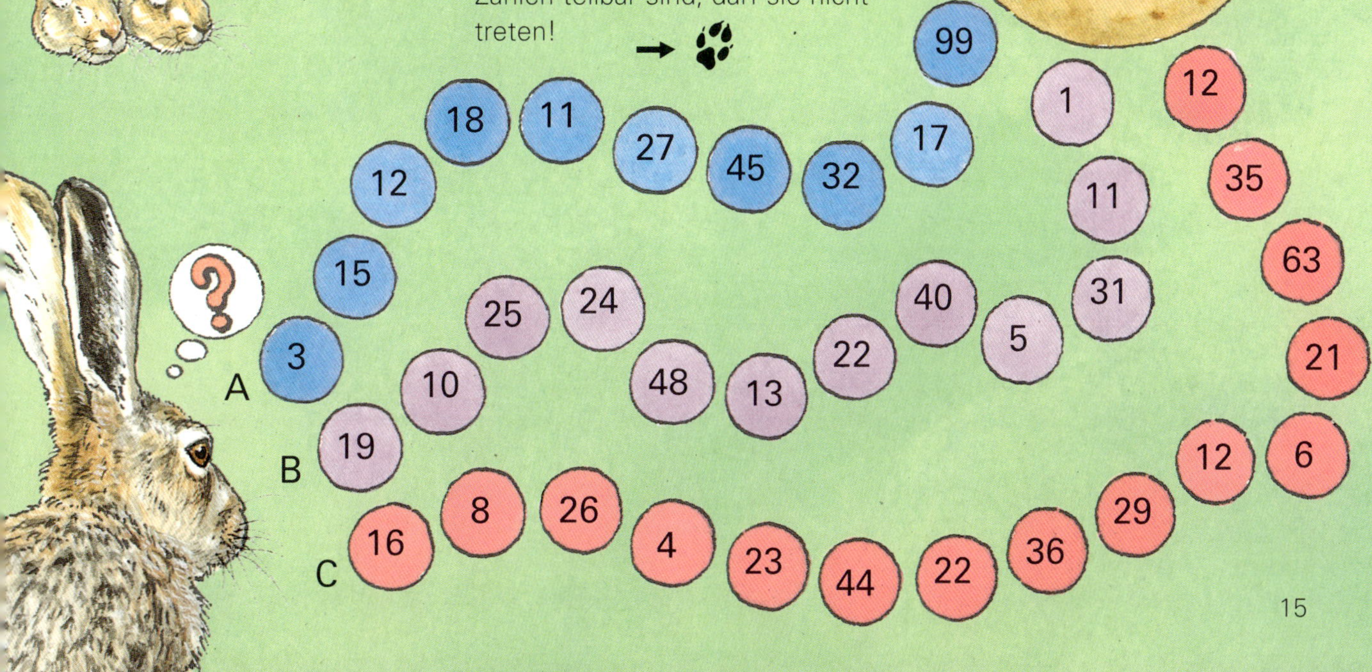

Fall Nr. 3
Wer mordete Mutter Maulwurf?

Mein Assistent Harry und ich stapften durch den nächtlichen Wald – um einer Vermisstenmeldung nachzugehen. Eine Maulwürfin hatte uns noch spätabends (»Ich kann doch im Hellen nichts sehen!«) aufgesucht, weil ihre Nachbarin schon seit einer Woche verschwunden sei. Sie hätte damals im Morgengrauen das Hungergeschrei der Jungen gehört. »Unten, im Nest der Nachbarin haben mir die drei Kinder jammernd und wütend berichtet, dass ihre Mutter schon vor Stunden zur Futtersuche an die Erdoberfläche verschwunden sei. Seitdem seien sie vor Hunger fast gestorben.«
»Moment mal, ich denke, ihr Maulwürfe jagt nur in euren Gängen unter der Erde; Regenwürmer, Raupen und so was.«
»Normalerweise ja, aber wenn wir noch drei hungrige Mäuler mehr zu stopfen haben, gehen wir nachts schon mal draußen auf die Jagd: Eine Maus oder ein fetter Frosch machen eben satter als so ein mickriger Regenwurm. Aber draußen ist's natürlich gefährlich, und ich fürchte ...«
Wir verstanden. Es bestand wenig Hoffnung, dass die Maulwurfmutter noch lebte.
»Jetzt sorge ich erst mal für die Kleinen. Diese Nimmersatte halten mich fast rund um die Uhr auf Trab. Erst heute habe ich Zeit gefunden zu Ihnen zu kommen. Bitte finden Sie den Mörder!«

Für hungrige Maulwurfkinder ist »Geschwisterliebe« ein Fremdwort.

Den möglichen Tatort, die Waldwiese rund um die Maulwurfsbau-Eingänge, untersuchten wir vergeblich – nach einer Woche waren natürlich alle Spuren beseitigt. Mein Assistent und ich konzentrierten uns auf mögliche Verdächtige: Wer jagt nachts?
»Na, Fledermäuse und Eulen, Chef!«
»Dann sollten wir uns mal umsehen bei denen.«
Die Kolonie der Abendsegler-Fledermäuse befand sich in einem hohlen Baumstamm am Waldrand.

Ein hohes Piepsen schallte uns zur Begrüßung aus dem Loch entgegen. Auch hier war Nachwuchs angekommen. Auf unsere Frage, ob jemand der Anwesenden in letzter Zeit einen Maulwurf gejagt hätte, hieß es: »Nein, auf unserem Speisezettel stehen nur Insekten: Nachtfalter am liebsten.«
Und als jetzt eine der Abendsegler-Mütter aus der finsteren Höhle kletterte, kam auch uns dieser Verdacht lächerlich vor: Wie sollten diese Tiere ein Opfer überwältigen, das doppelt so groß ist wie sie selbst?

Der Baummarder – schon wieder weg.

Den alten Waldkauz trafen wir glücklicherweise vor seiner Baumhöhle an, wo er gerade eine Waldmaus verschlang.

»Vor einer Woche, sagen Sie? Mal überlegen ... Nein, ausgeschlossen: Da war doch Neumond! Und bei völliger Dunkelheit können selbst wir Eulen nichts erkennen. Tut mir Leid, dass ich Ihnen nicht weiterhelfen kann.«

»Wir könnten natürlich sein Gewölle auf Maulwurfsknochen untersuchen«, meinte Harry hinterher, »aber das kann mühsam werden. Um sein Alibi zu überprüfen, ist es einfacher, den Mond zu beobachten: In einundzwanzig Tagen haben wir wieder denselben Mond wie zur Tatzeit.«

Ich widersprach meinem Assistenten: »Bis dahin ist der Kauz längst getürmt, falls er der Täter war.« Auf dem Weg zurück ging ich in Gedanken noch mal die wenigen Anhaltspunkte durch, die wir hatten. Um besser denken zu können, richtete ich meinen Blick auf den Nachthimmel. »Einer hat gelogen, Harry, und wir sollten ihn uns noch mal vorknöpfen. Weißt du, wen ich meine?«

»Äh, nein, Chef, wieso?« Ratlos ging auch der Blick meines Gehilfen nach oben, aber dort stand nur stumm ein halber Mond hinter den Fichten.

→

Auf dem Weg zum nächsten Verdächtigen lief uns noch ein Baummarder über den Weg. Sein Fell war zerzaust und er wirkte gehetzt. Könnte nicht auch er ...?

»Machen Se Witze? Wir sind mitten in der Ranz: Die Kämpfe um die Marderfrauen sind voll am Toben! Da habe ich Anderes im Sinn als Maulwürfe-Abmurksen!« Seine Antwort war barsch, er hatte es offensichtlich eilig. Wir ließen ihn also laufen.

12 Das zerpflückte Gewölle mit den unverdauten Teilen bringt es ans Licht: Welche Tiere hat der Waldkauz gegessen? →

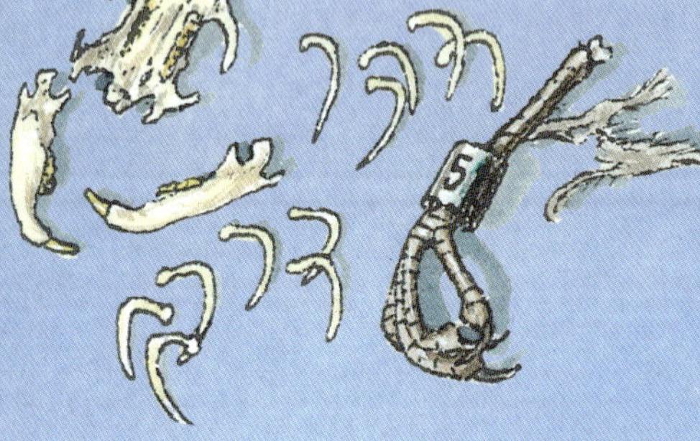

Multipliziere die Anzahl der Rippen mit der Anzahl der *Mäuse*schädel und ziehe die Zahl auf dem Vogelwarten-Ring davon ab. Das Ergebnis führt zur Seite, auf der die Wohnung und die Beutetiere des Kauzes abgebildet sind.

Gesucht wird ...

... ein Tier, das wir meistens von hinten sehen, weil es vor uns flüchtet. Dann leuchtet sein weißes Hinterteil auf dem ansonsten rotbraunen Fell. Nur die männlichen Tiere tragen ein Geweih mit sechs Spitzen. Das werfen sie allerdings am Jahresende ab. Über Winter wächst dann ein neues Geweih, geschützt und ernährt von einer dicken Schicht »Bast«. Das Tier kann schnell laufen und sechs Meter weit springen.

Wo im Buch ist es zu sehen und wie heißt es?

13 Welchen Weg vom Winterquartier in der Höhle zum Sommerquartier im Kirchturm – und zurück – kann die Fledermaus nehmen? Die Sterne weisen ihr den Weg! (☆ = freie Richtungswahl: links, rechts oder geradeaus.) →

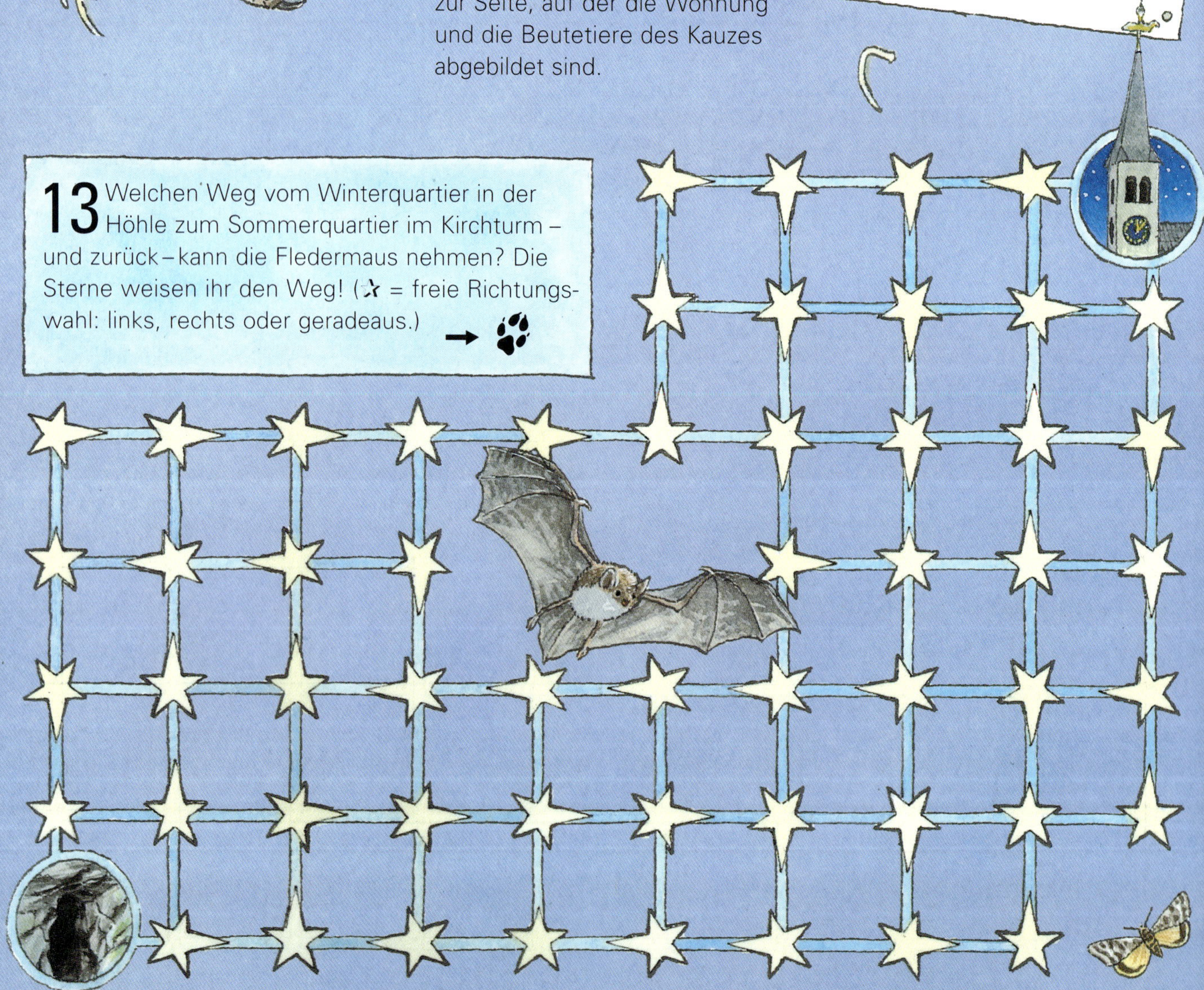

14 Die Maulwürfin will zum Nest mit ihren hungrigen Kindern. Welchen Weg muss sie wählen, wenn sie sich alle Leckerbissen schnappen will, ohne einen Weg mehrmals zu gehen und ohne dass sich zwei Wege kreuzen?

15 Der Maulwurf braucht jeden Tag so viel Futter, wie er selbst wiegt: 90 g. Jeder Regenwurm wiegt 5 g, davon sind aber 2 g unverdauliche Erde, die der Maulwurf vorm Essen rausquetscht. Die Maulwurfmutter muss außerdem noch für vier Kinder sorgen, von denen jedes schon halb so viel braucht wie ein Erwachsener. Gut, dass sie noch zwölf Würmer in der Vorratskammer findet. Denen hatte sie das vordere Körperdrittel abgebissen und es gleich verzehrt, sodass sie nicht wegkriechen konnten.
Wie viele Würmer muss sie also heute noch fangen, damit alle satt werden? →

16 Die Tierfilmerin will einen Film drehen über Tiere, die nachts auf Beutefang gehen. Im Schein der Taschenlampe funkeln ihre Augen. Die Anfangsbuchstaben aller dieser Nachtjäger ergeben das Lösungswort: Was darf die Kamerafrau auf keinen Fall zu Hause vergessen?

→

17 Wie viel wir von der Mondoberfläche sehen und wie viel im Schatten liegt, hängt davon ab, aus welcher Richtung ihn die Sonne anstrahlt. Bei Vollmond steht die Sonne hinter uns, also hinter der Erdkugel, bei zunehmendem Halbmond* scheint sie von rechts auf den Mond.

Wie lange dauert es von einem Vollmond bis zum nächsten?

A 1 Monat
B 3 Monate (1 Jahreszeit)
C 12 Monate (1 Jahr)

18 Wow! So viele Haufenwolken am Himmel! Da muss das Wetter ja schön bleiben. Findest du die Ausschnitte im Fenster wieder?

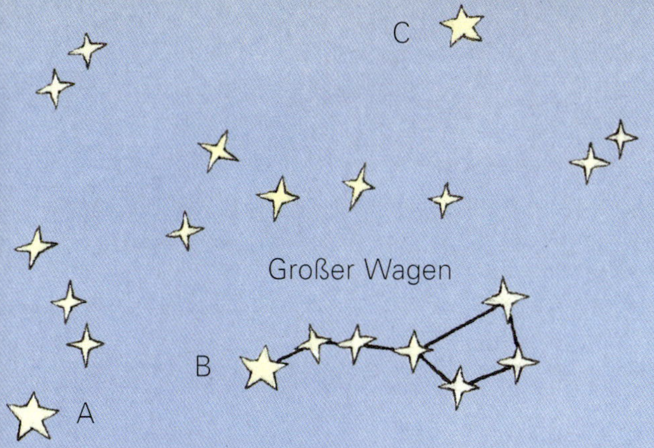

19 Jana und Nora machen im Zeltlager eine Nachtwanderung. An einer Wegkreuzung meint Nora: »Wenn wir uns nur nicht verlaufen ...«
»Solange wir die Sterne sehen, verlaufen wir uns schon nicht. Der Polarstern steht nämlich genau im Norden, siehst du?« Jana streckt den Finger zum Himmel.
»Wo denn?«
»Na, da! Du findest ihn leicht, wenn du vom Großen Wagen ...«
Welcher ist der Polarstern und wie findest du ihn?

→

20 Dimo, Philipp, Laura und Mareike machen einen Fahrradausflug. Am blauen Sommerhimmel tauchen immer mehr dunkle Wolken auf. Und da zuckt auch schon der erste Blitz, gefolgt von einem Donnergrummeln. Beim nächsten Blitz zählt Laura: »Hunderteins, hundertzwei, hundertdrei, hu...«
Krach! Der Donner unterbricht sie.
»Vielleicht schaffen wir's noch bis nach Hause. Ich weiß jetzt, wie weit das Gewitter noch entfernt ist.«
»Woher denn?«
»Ich kenn einen Trick. Wer den nicht kennt, muss eben raten. Was schätzt ihr, wie weit weg das Gewitter noch ist?«
»Vielleicht drei Kilometer«, rät Mareike.
»Bestimmt mehr, ich schätze 10 Kilometer«, meint Dimo.
Philipp protestiert: »So laut, wie der Donner war – höchstens 1 Kilometer.«
Welches Kind hat am besten geraten?

21 Was es am Himmel alles so gibt ...
Trage die Begriffe in die Kästen ein. In der Mitte erscheint dann das Lösungswort: eine ganz besondere Erscheinung am Himmel.

22 Tiere und Pflanzen sind zuverlässige Wetterpropheten, wenn du verstehst, was sie dir sagen. Welche Verhaltensweisen kündigen Regen oder Gewitter an? Die Buchstaben vor den richtigen Antworten ergeben geordnet das Lösungswort.

E Die Schwalben fliegen tief, weil auch ihre Beute, die Fliegen und Mücken, tief über dem Boden fliegen.

O Mücken umschwirren uns angriffslustig statt friedlich herumzufliegen.

W Frösche und Kröten gehen verstärkt auf Jagd nach Insekten.

L Kühe werden unruhig und wollen in den Stall.

A Die Vögel fangen plötzlich zu singen an.

R Kiefern- und Fichtenzapfen öffnen sich weit.

K Der Löwenzahn schließt seine Blüte.

Fall Nr. 4
Häuser ohne Schnecken

Mordfälle sind für uns Kriminalisten ja besonders harte Nüsse. In diesem Fall ging es um Morde an Gartenschnecken. Am Tatort war uns sofort klar, dass hier kein Unfall vorliegen konnte: Gleich drei zerschmetterte Schneckenhäuser, auf einem flachen Stein am Wegrand, präsentiert wie eine Schaufensterauslage, die Einzelteile drumherum verstreut.

Wollte uns der Mörder herausfordern? Fühlte er sich so sicher, dass er es nicht für nötig hielt, die Spuren seiner grausigen Tat zu beseitigen? Restlos beseitigt hatte er allerdings die weichen Teile seiner Opfer. Wahrscheinlich ging beim Täter die Liebe zu Schnecken durch den Magen. Mit der Lupe betrachtet, waren noch kleinste Reste von Schneckenfleisch an den Gehäusen sichtbar: Sie glänzten feucht. Also konnte der Mord erst ein paar Stunden zurückliegen: Es musste in der mittäglichen Hitze dieses Augusttages passiert sein, wo sich Schnecken eigentlich eher in den Schatten zu einem Nickerchen zurückziehen als möglichen Mördern in die Krallen zu laufen.
Mein eifriger Assistent Harry Daxler suchte die Umgebung ab, die Nase schnüffelnd am Boden. Aber im hohen Gras waren nicht die geringsten Spuren zu entdecken; keine Fußabdrücke, keine Fellbüschel, nichts ...

Etwas fand er dann doch: eine jagende Spitzmaus, die sich außerdem als wichtige Zeugin erwies. Ihr waren nämlich in der Nähe des Tatorts drei Tiere aufgefallen, die ihr irgendwie verdächtig vorkamen: ein Igel, eine Drossel und ein Buchfink. Gleich machten sich Harry und ich auf den Weg um die drei Tatverdächtigen unserer Zeugin gegenüberzustellen. Die drängelte nämlich: »Ich muss jeden Tag so viel Nahrung erbeuten, wie ich selbst wiege. Da bleibt wenig Zeit für andere Beschäftigungen. Also beeilen Sie sich, Herr Kommissar.«

Das Buchfinkmännchen war schnell gefunden: Es hüpfte in einem nahen Schneeballstrauch herum. Konnte er der Täter sein?
Die Singdrossel hatte ihr Nest in diesem Garten längst verlassen, ihre Jungen waren bereits flügge. Aber wir hörten ihren Gesang mit den ständigen Wiederholungen und sie war rasch aufgespürt. Nur der Igel war nirgends zu sehen. Es war schon spät am Nachmittag, als wir ihn fanden:

In seinem Nest unter dem großen Reisighaufen in der hintersten Ecke des Gartens – schlafend! Nur mühsam ließ er sich wecken und kam nur widerstrebend und knurrend mit zur Gegenüberstellung. Als die Drossel erfuhr, dass sie eines dreifachen Mordes verdächtigt wurde, protestierte sie empört: »Die Zeugin–Zeugin kann genauso gut die Wacholderdrossel–drossel–drossel vom Nachbargarten-garten gesehen haben, Herr Kommissar-Kommissar!«
Also musste Harry unsere Zeugin, die Spitzmaus, für eine Gegenüberstellung herbeiholen. Aber die Spitzmaus war sich dann doch »ziemlich sicher«, dass sie die *Sing*drossel gesehen hatte. Auch die anderen beiden Verdächtigen wurden wieder erkannt. Dann verhörten wir die drei nacheinander: Der Buchfink war völlig aufgeregt und flatterte dauernd umher, dagegen antwortete der Igel äußerst wortkarg auf unsere Fragen. Die Drossel schließlich nervte uns mit ihren ständigen Wiederholungen.

Am Ende hatten wir aber doch den Täter überführt. Und ihr, kennt ihr ihn auch?

→

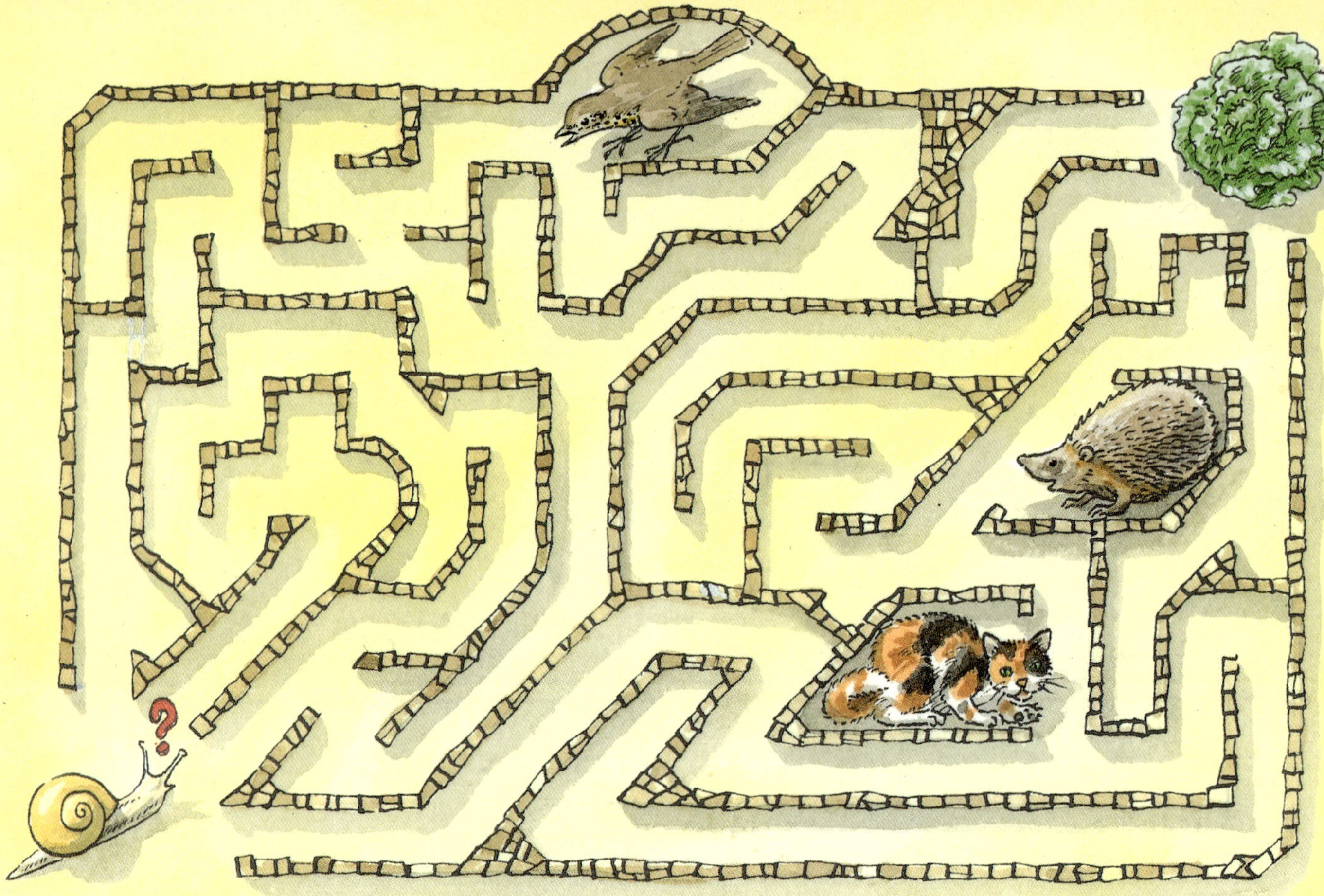

23 Wie kommt die Schnecke zum Salat? Vorsicht, um gefährliche Tiere sollte sie einen großen Bogen machen! (Es fragt sich nur, um welche?) →

24 An den Stängeln von Pflanzen an Wegen und auf Wiesen können wir im Frühjahr kleine weiße Schaumkugeln finden, »Kuckucksspucke« genannt. Nun sind von diesem Vogel ja seltsame Angewohnheiten bekannt: dass er seine Eier in fremde Nester legt oder dass er seinen eigenen Namen ruft. Aber dass er überall hinspuckt, wird zu Unrecht behauptet.
Was ist die wirkliche Ursache für den Schaum?

A Hier seht ihr die Spuren eines Kampfes. Werden Weinberg-Schnecken von Ameisen angegriffen, schützen sie sich mit einem Schaum-Mantel gegen die Bisse und Säurespritzer der aggressiven Krabbeltiere.

B Bei Verletzung schießt bei einigen Pflanzen zuckerhaltiger Saft aus den Leitbahnen und vermischt sich mit Luft zu einem Schutzmantel gegen Pilze, die sonst in die Wunde eindringen könnten.

C Die Larve der Schaumzikade saugt den Pflanzensaft aus dem Stängel, bläst Luft hinein und presst dieses Saft-Luft-Gemisch aus dem »Po«. Diese zähe Hülle schützt sie vor möglichen Angreifern.

Gesucht wird ...

... eine Naturerscheinung, die in einer bestimmten Zeit des Jahres häufiger vorkommt. Nur wenn es oben am Himmel sehr kalt ist, kann das Gesuchte entstehen und zur Erde hinabschweben. Stark vergrößert erkennst du, dass es aus winzigen Eiskristallen besteht, die sich jeweils 6fach verzweigen. Mit bloßem Auge sieht es einfach weiß aus. Für einige Sportarten ist das Gesuchte unbedingt nötig.

Was ist es, wo findest du es im Buch?

25 Trage die Namen der Tiere, die du im Garten finden kannst, ein. In der Mitte erscheint dann ein Tier, dem sie in der Dämmerung besser nicht über den Weg laufen sollten. → 

26 Die Spitzmaus-Mutter ist beunruhigt: Ihr Versteck scheint ihr nicht mehr sicher, sie will sofort mit ihren Kindern umziehen. Das älteste hält sich bereits an ihrem Hinterteil fest. Welchen Platz in der Karawane nehmen die anderen Mäusekinder ein?

27 Wie viele Schneckenhäuser findest du hier?

28 Eine kleine Schnecke kriecht einen Baum hinauf. Der Baum ist zehn Meter hoch. Jeden Tag schafft sie 2,40 m, rutscht aber nachts immer 50 cm zurück. Nach wie vielen Tagen ist sie oben?

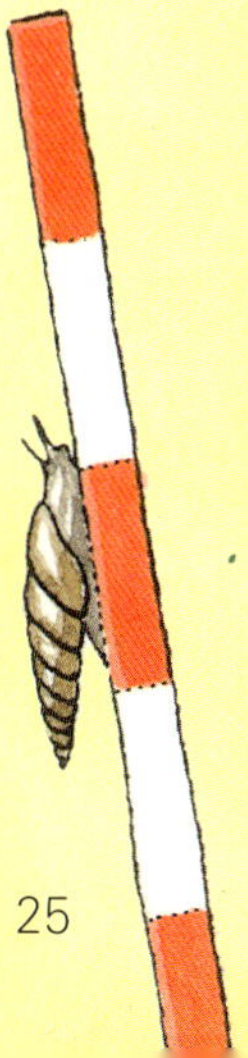

Fall Nr. 5
Eine Maus wird beklaut

Bei diesem Fall ging es um Futterraub. Es war im Februar, der Wald lag unter einer dünnen Schneedecke, als eine Waldmaus uns aufsuchte. Sie war verzweifelt: Irgendjemand plünderte ihre Vorräte, und das ausgerechnet jetzt, am Ende des Winters, wo die Nahrung so knapp sei.
»Schon seit Tagen lebe ich vorsichtshalber auf ›Sparflamme‹ um Energie zu sparen«, sagte sie. »Aber wenn Sie den Täter nicht fassen, muss ich verhungern.«

Mein Assistent Harry Daxler und ich beruhigten sie erst mal: Bislang hätten wir noch jeden Täter geschnappt! Zu dritt schwangen wir uns auf unser Dienstmotorrad und pflügten durch den verschneiten Winterwald.
Am Tatort zeigte uns die Maus die geplünderten Futterverstecke: Das erste war ein altes Vogelnest in einem Strauch, in dem sie angeblich Hagebutten und Weißdornbeeren aufbewahrt hatte; jetzt war es ratzekahl leer. Leer war auch das Versteck unter einem Baumstumpf. Die Waldmaus wurde bei diesem Anblick immer wütender und sparte auch nicht mit Verdächtigungen: »Der Eichelhäher hat immer so neugierig geguckt, als ich im Herbst Vorräte gesammelt habe. Jeder weiß doch, wie versessen der auf Eicheln ist. Oder das junge Eichhörnchen, das hier in der Nähe seinen Bau hat«, schimpfte die Waldmaus weiter. »War wahrscheinlich zu faul, sich selbst Vorräte anzulegen und muss jetzt andere Leute beklauen. Meine mühsam gesammelte Notration! Meine …«

»Vorsicht!«, unterbrach Harry ihr Zetern. »Keine falschen Anschuldigungen, die Sie nicht beweisen können. Der Eichelhäher, so wie ich ihn kenne, findet doch nicht mal seine eigenen Eichelverstecke wieder. Gucken Sie sich doch mal um hier, was daraus geworden ist: die vielen jungen Eichenbäumchen ... Na, und die Eichhörnchen sind doch jetzt alle im Winterschlaf, haben also ein astreines Alibi.«
»Dann waren es eben die Kaninchen von der Wiese nebenan!«
»Unsinn«, Harry wurde grob, »die kommen doch nie in den Wald, und dass *die* Eicheln und Beeren fressen, kommt doch höchstens in Mäuse-Alpträumen vor.«
Damit die Waldmaus sich nicht noch mehr aufregte, musste ich meinen Assistenten beschwichtigen: »Nicht so voreilig, lieber Daxler. Die Waldmaus liegt vielleicht gar nicht so daneben mit ihrem Verdacht. Einen der drei sollten wir uns doch mal vornehmen.«

10 000 Haselnüsse benötigt ein Eichhörnchen um durch den Winter zu kommen! Ob es da vielleicht ...?

Bei welchem Verdächtigen hat sich Assistent Daxler geirrt? Wer könnte es gewesen sein, Eichelhäher, Eichhörnchen oder die Kaninchen?

Verdächtig: Im Herbst sammelt der Eichelhäher in seinem Kehlsack Eicheln, Bucheckern und Beeren. Im Waldboden vergräbt er sie als Wintervorrat.

29 Ein Wintertag im Wald

a) Welche zwei Tiere leben nicht im Wald?
b) Kennst du alle abgebildeten Waldvögel?
c) Wen oder was kannst du unmöglich im Winter im Wald sehen?

d) Normalerweise huschen und fressen die Mäuse unsichtbar in ihren Tunneln unter der Schneeoberfläche. Wie viele siehst du hier im Bild?
e) Ordne die Buchstaben im Bild zum Lösungswort.

→

f) Wer steckt hier seine Nase ins Bild?

g) Welches Tier hat diese Spuren hinterlassen?

30 Einmal im Jahr erneuert der Eichelhäher sein Federkleid. Welche Feder hat er dabei verloren?

Gesucht wird ...

... eine Pflanze, die nicht nur Tiere mögen. Wildbienen und Käfer suchen Pollen in den Blüten. Man kann die weißen Blütendolden aber auch in Teig ausbacken oder Limonade draus machen. Die Früchte locken Menschen und Tiere, wie Vögel und Mäuse, zugleich an. Roh sind die kleinen schwarzen Kugeln für uns giftig, gekocht geben sie leckere Marmelade oder Saft gegen Erkältung.

Wie heißt der Strauch und wo ist er abgebildet?

T

31 Max, das Eichhörnchen, erwacht mit knurrendem Magen. Kalt ist es außerdem! Wo sind nur die Nüsse unterm Schnee versteckt? Zähle die Eichhörnchen auf der vorhergehenden Seite, dann weißt du, bei welcher Zahl das Vorratslager zu suchen ist. Nicht dem Baummarder begegnen! →

32 Welche sechs dieser acht Tiere wohnen oder übernachten in Baumhöhlen? Die in die rosa Felder eingetragenen Buchstaben im Namen der gesuchten Tiere ergeben einen weiteren Höhlenliebhaber. →

33 Die Schulklasse hat von fünf Bäumen Blätter und Früchte gesammelt. Leider hat ein Durchzug im Klassenzimmer alles durcheinander gewirbelt. Findest du die richtige Reihenfolge heraus?

34 Du musst die einheimischen Bäume und Sträucher schon gut kennen, wenn du diese harten Nüsse knacken willst.

1. Ohne den Anfang des Alphabets schmückt es den Kopf der Kuh.
2. Sie macht Pferd und Kuh ebenso satt wie die ersten Bienen im Frühling.
3. Wenn sich der Mann der Sau vor einen Baum stellt, verwandelt sich der in diesen Baum.
4. Den Anfangsbuchstaben vertauschen, das gäb ne Panne!
5. Berührst du sie, tut sie dir sehr weh. Sie wächst bei uns im Wald, nicht in der Südsee.
6. Einen Buchstaben dazu und du hast ihre Frucht.
7. Im letzten Monat des Jahres sagen alle »Tannenbaum« zu ihr – und dabei ist das falsch!
8. Der Anfang hat Löffel und schlägt Haken, am Ende hast du was zu knacken.
9. Wo schaust du grade hinein? Ein Buchstabe ans Ende und du weißt, wer den Grundstoff lieferte.

STECHPALME
FICHTE
WEIDE
TANNE
AHORN
HASELNUSS
EICHE
EBERESCHE
BUCHE

35 Waldmaus, Specht und Eichhörnchen mögen Nüsse und Zapfen. Um an die Nusskerne und Fichtensamen zu gelangen hat jeder von ihnen seine spezielle Methode. Welches Tier hat welche Reste übrig gelassen?

Fall Nr. 6
Wohin verschwanden die „Milchkühe“?

Dieser Fall begann mit einem Unfall: Ich hatte gerade mein Frühstück beendet und wollte mich gerade wieder an die Arbeit machen: schnell noch die Krümel vom Schreibtisch gewischt, da bemerkte ich – zu spät – dass einige Krümel Beine hatten. Vielmals um Entschuldigung bittend, gelang es mir, die Besucher am Fuße des Schreibtisches zu finden und auf meiner Pfote wieder nach oben zu bringen. Sie waren zu dritt – drei Ameisen, die sich als »Z 1065, Z 817 und Z 1411« vorstellten. (Glücklicherweise sind Ameisen hart im Nehmen, lediglich Z 1411 kann seit meiner Unachtsamkeit nur noch mit einem Fühler riechen.)

Sie waren auf den weiten Weg von ihrem Ameisenhaufen am Waldrand zu mir geschickt worden um mich um Hilfe zu bitten.
Sie fragten mich, ob ich Blattläuse kennen würde (ja, kannte ich) und ob ich wüsste, dass sie, die Ameisen, diese Läuse regelmäßig melken würden (nein, wusste ich nicht). Als Gegenleistung würden die Läuse von ihnen beschützt, aber für eine Rund-um-die-Uhr-Bewachung reiche das Personal einfach nicht aus.

Und so verschwände in einer weiter entfernten Kolonie auf einem Holunderbusch immer wieder eine große Zahl ihrer »Milchkühe«, wie sie die Läuse nannten, spurlos. Wenn das so weiterginge, würde sich der Weg zum Melken bald gar nicht mehr lohnen.

Tatsächlich: Blattläuse lassen sich »melken«. Tropfen für Tropfen landet der Honigtau in den Mägen der Ameisenarbeiterinnen.

Harry Daxler und ich – mit den drei Ameisen auf der Schulter – machten uns gleich auf den Weg zum Holunder. Die Läusekolonie war schnell gefunden. Auch ein paar Ameisen waren unter den ruhig dasitzenden Läusen zu sehen.
Ich nahm meine Lupe und Z 1065 erklärte uns, was wir sahen: »Die Blattläuse saugen den zuckerhaltigen Saft aus den Blattstielen. Wenn unser Melktrupp sie mit den Fühlern betrillert, drücken sie ganz automatisch einen süßen Tropfen ›Honigtau‹ aus ihrem Hinterleib. Den sammeln unsere Arbeiterinnen und tragen ihn im Magen heim. Schließlich müssen die Innendienstkolleginnen ja auch was essen.«
Aha, wer solch leckere Süßigkeiten produziert, lebt natürlich gefährlich. Oder hatten die Verschwundenen vielleicht einfach keine Lust mehr sich melken zu lassen?
Solange die Ameisen dabei waren, würde wahrscheinlich nichts passieren und deshalb bat ich Z 1065 den Melktrupp wegzuschicken. Wir fünf legten uns nun auf die Lauer und beobachteten den Abzug der Arbeitsameisen.
Als Erstes zeigte sich ein Buntspecht, der den Ameisen auffallend interessiert nachschaute. Eine Schnecke zog ihre Schleimbahn Richtung Läuse und zwei oder drei Bienen umsummten den Busch ziemlich nahe der Kolonie. Außerdem bemerkte ich noch zwei harmlos aussehende Marienkäfer, die über die Blätter krabbelten.

Was meint ihr? Welche dieser Tiere könnten etwas mit dem Blattlaus-Verschwinden zu tun haben?

Durchs Fernglas deutlich zu erkennen: Buntspecht, Baumschnecke, Honigbienen, zwei Marienkäfer. Wer von ihnen ist verdächtig?

36 Hier fliegen Zitronenfalter, Tagpfauenauge und Distelfalter durch die Luft. Aber nur jeweils eine ihrer Flügelhälften ist richtig gezeichnet – die linke oder die rechte? Findest du die acht Fehler im Muster?

37 Heuschrecken-Kinder sehen aus wie Mini-Grashüpfer. Sie wachsen und schlüpfen einfach aus ihrem zu eng gewordenen Hautpanzer – insgesamt siebenmal. Andere Insektenkinder haben kaum Ähnlichkeit mit ihren Eltern: Als (......?) schlüpfen sie aus dem Ei, verpuppen sich und schlüpfen als fertiges Insekt. Findest du trotzdem heraus, wer zu wem gehört? In der richtigen Reihenfolge ergeben die Buchstaben das Lösungswort.

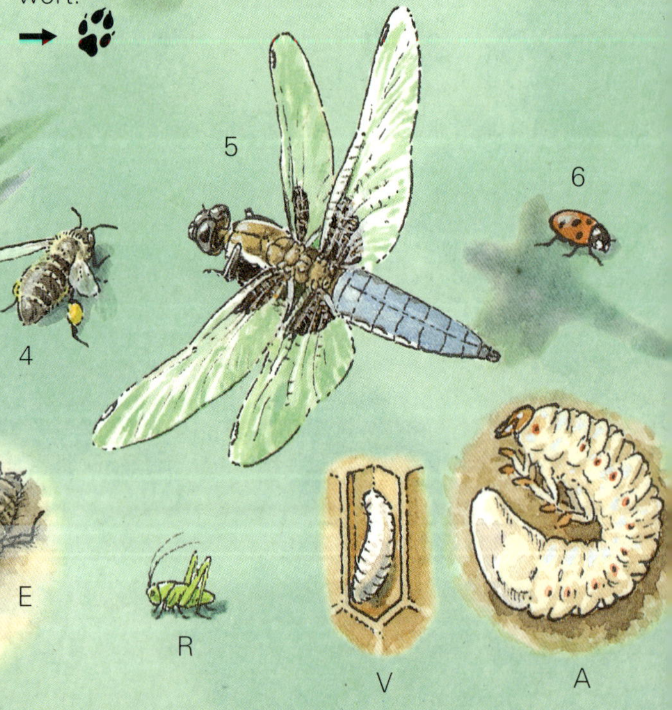

38 In der »Honigfabrik« im Bienenstock werden verschiedene Sorten Honig hergestellt. Dazu müssen die Bienen ganz bestimmte Stellen anfliegen.
Trage die Anfangsbuchstaben der Honigsorten in der richtigen Reihenfolge in die roten Felder ein und du hast fast das Lösungswort: eine gelb blühende Wasserpflanze. →

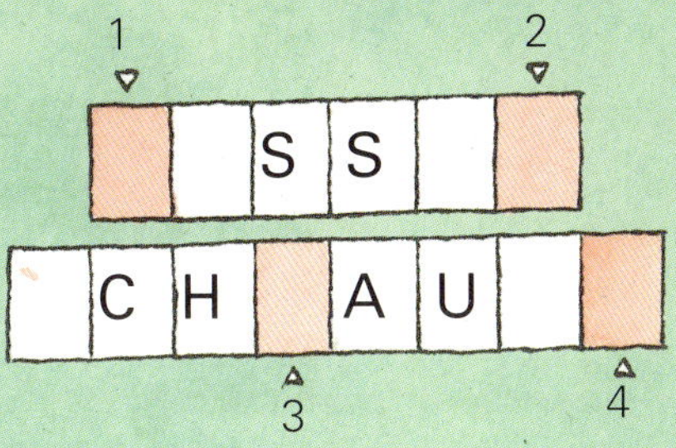

39 Hip-Hop, der Grashüpfer, will mit zehn Sprüngen das große Blatt erreichen. Er darf aber nur diagonal springen, dabei immer ein Feld überspringen und nur auf den grünen Feldern landen. Wie schafft er das?

Gesucht wird ...

... der Zwerg unter den Nagetieren. Er ist nämlich nur fünf bis sieben Zentimeter lang. Dazu kommt noch ein Schwanz von gleicher Länge, den er beim Klettern als fünften Fuß benutzt. Sein kugeliges Nest baut er in luftiger Höhe zwischen Gras- oder Schilfhalmen. Dort kommen seine Kinder zur Welt, die aussehen wie kleine, rosa Maden – mit Beinen dran. Der Winzling mit den schwarzen Knopfaugen ernährt sich von Grassamen und Getreidekörnern.

Wie ist sein Name, auf welcher Seite kannst du ihn klettern sehen?

(Die Haselmaus wird fünf Seiten vorher gesucht.)

40 Klar kennst du den »Siebenpunkt«, vielleicht unter dem Namen »Marienkäfer«. Der Siebenpunkt hat Verwandte, die wir nicht so häufig sehen. Manche dieser Marienkäfer sehen ihm ähnlich, andere ganz und gar nicht.
Und einer, den es in Wirklichkeit nicht gibt, hat sich dazwischengemogelt. Findest du ihn?

41 Auf den Rüssel kommt es an: Nur die langrüsseligen Schmetterlinge haben Erfolg bei den Blüten mit langem Kelch, an deren Grund lockt der süße Nektar. Fliegen besuchen deshalb nur die Blüten mit leicht zugänglichem Nektar.
Wer besucht hier wen? Kennst du ihre Namen? →

42 Hier krabbelt alles wild durcheinander. Aber nicht alle Tiere sind Insekten. Ordne die Anfangsbuchstaben der Insekten und die der Nicht-Insekten und du erhältst zwei Lösungsworte. →

43 Das Lindenblatt dient der Blattlausfamilie als Esszimmer. Es ist noch viel Platz für andere Tiere. Aber: »Blattlausfresser müssen leider draußen bleiben.« Dafür sorgen die Aufpasserameisen.
Wer wird vertrieben? Wer findet wo Platz?

44 Blüten werden nicht nur von Bienen, Fliegen oder Schmetterlingen bestäubt. Auch manche Käfer, wie dieser Schmalbock, naschen gerne Pollen, den sie dann unbeabsichtigt auf dem Stempel der nächsten Blüte abstreifen.
Was findest du im Herbst anstelle dieser bestäubten Wildrosenblüte?

45 Acht verschiedene Blumen – allen gemeinsam ist der letzte Buchstabe. In den roten Feldern versteckt sich das Lösungswort, das die Blumen für viele Insekten so anziehend macht.

→

Lösungen:

Seite 6/7

Fall 1:
»Kuckuck!« Das Vogeljunge ist ein Kuckuck. Seine Mutter hat ihr Ei in das fremde Nest gelegt und dafür eins der darin liegenden stibitzt. Der Tausch dauert nur zehn Sekunden. Bei Rohrsängern, Bachstelzen, Heckenbraunellen und Rotkehlchen klappt das meistens: Da deren Eier kaum von den Kuckuckseiern zu unterscheiden sind, bemerken die Eltern den Schwindel selten. Da der Kuckuck meist etwas vor seinen Stiefgeschwistern schlüpft, kann er seine Konkurrenz loswerden, indem er sich die Eier auf den Rücken legt und sie über den Nestrand hinausbugsiert.

Seite 8/9

Rätsel 1:
AMSEL

Rätsel 2:
Rotkehlchen: Raupe, Haubentaucher: Fisch, Buchfink: Samen und Körner, Storch: Frosch.

Rätsel 3:
C ist der Neuntöter.

Rätsel 4:
5 Blindschleichen

Rätsel 5:
A und C sind gleich.

Rätsel 6:
AMEISEN schenken Bunt-, Schwarz- und Grünspecht.

Steckbrief:
Libellenlarve, auf Seite 34

Seite 10/11

Rätsel 7:
- a) 4 Wasserfrösche, 4 Haubentaucher, 2 Zwergmäuse, 3 Libellen (Blaugrüne Mosaikjungfer) und 16 Mücken
- b) Alligator (aus Amerika) und ausgesetzte exotische Schildkröte, Wüsten-Kaktus und Kastanienbäumchen im Wasser
- c) Ringelnatter, Libelle
- d) Fischadler, auf Meisen-Größe geschrumpft
- e) in ihrem Schaumnest am unteren Bildrand
- f) Sonnenuntergang am rechten Bildrand, aber alle Schatten von links – Regenbogen ohne Regenwolken und in falscher Farben-Reihenfolge – Wind: hinten von links, Bildmitte rechts (Flagge), vorne Windstille.
- g) A

Seite 12/13

Fall 2:
Die Blindschleiche war's sicher nicht. Sie ist selten über 40 cm lang. Vor einem Kaninchen würde sie eher Angst haben als umgekehrt. Die Kreuzotter ist an ihrem schwarzen Zackenband zu erkennen oder – wenn's denn mal passiert ist – an den zwei Einstichlöchern ihrer Giftzähne. Die Ringelnatter aber war's wirklich, zumindest nach der Täterbeschreibung der Zeugen. Sie ist jedoch ungiftig – Hoppel wird den Biss also überleben.

Seite 14/15

Rätsel 8:
Mümmel = 3, 1 = Zwergkaninchen, 4 = Wildkaninchen, 5 = Stallhase, 7 = Schneehase

Rätsel 9:

Rätsel 10:
1. Hase (65 km/h), 2. Kaninchen (40 km/h), 3. Waldmaus (12 km/h); Spur B ist richtig.

Rätsel 11:
Weg B ist der richtige. Weg A und C enthalten durch 7 (VII) oder 9 (IX) teilbare Zahlen.

Steckbrief:
Klee, auf Seite 37

Seite 16/17

Fall 3:
Wahrscheinlich war der Waldkauz der Täter. Warum hat er sonst gelogen, als er behauptete, dass zur Tatzeit vor einer Woche Neumond gewesen wäre? Vergleiche den Mond auf dem Bild mit der Abbildung in Rätsel Nr. 17 und du kannst ausrechnen, dass zur Tatzeit ein wunderbar heller Vollmond leuchtete.

Seite 18/19

Rätsel 12:
Singvogel (Bein und Schädel), Mäuse (Schädel und Rippen), Maulwurf (Schädel, Grabschaufel)
2 (Mäuseschädel) x 17 (Rippen) = 34;
34 – 5 (Ring) = 29

Steckbrief:
Gesucht wird das Reh. Auf S. 28 seht ihr es.

Rätsel 13:

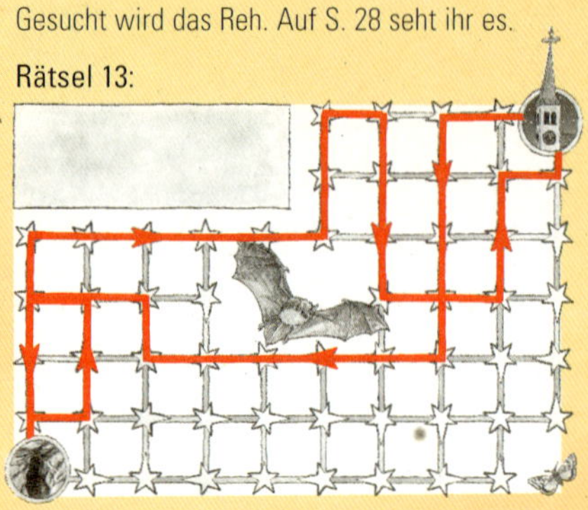

Rätsel 14:

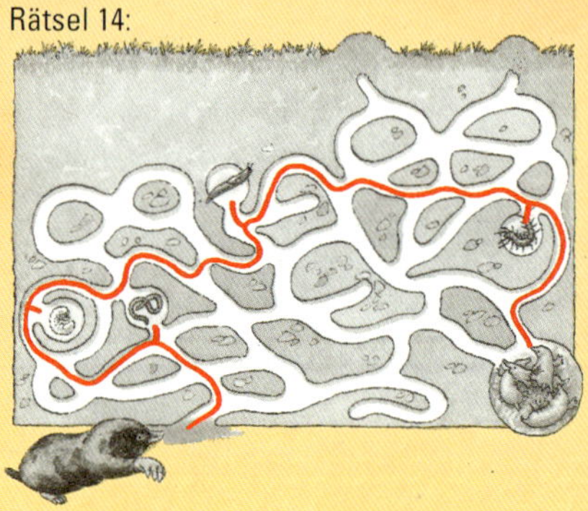

Rätsel 15:
90 g + (4 x 45 g) = 270 g Gewicht der Maulwürfe.
Das entspricht: (270 g : 3 g = 90 Würmer).
12 Würmer (mit je 2 g) hat sie, also 24 g. Das entspricht 8 Würmern, 90 Würmer – 8 Würmer = 82 Würmer.

Rätsel 16:
Fuchs, Igel, Luchs, Marder = FILM

Seite 20/21

Rätsel 17:
Lösung A. Jede Mondphase dauert rund 1 Monat, und zwar genau 29 Tage, 12 Stunden und 43 Minuten. In dieser Zeit hat der Mond die Erde einmal umkreist.

Rätsel 18:
A in d3, B in e6, C in a4

Rätsel 19:
C ist der Polarstern.

Rätsel 20:
Dimo; das Gewitter ist rund 9 km entfernt. Denn der Schall des Donners ist langsamer als der Blitz: In einer Sekunde legt er 3 km zurück. Zwischen Blitz und Donner hat Laura 3 Sekunden gezählt.

Rätsel 21:
Wolken, Sonne, Mondsichel, Regenbogen, Sterne – KOMET.

Rätsel 22:
WOLKE

Seite 22/23

Fall 4:
Der Igel hat ein wasserdichtes Alibi: Mittags lag er zusammengerollt in seinem Versteck. Erst in der Dämmerung kommt er heraus zur Jagd z. B. auf Schnecken. Der Buchfink war's bestimmt nicht: Er steht auf Körner und Samen, auch mal auf ein Insekt. Aber Schnecken? »Niiiee!«
Also war's die Singdrossel. Sie benutzt harte Unterlagen, wie z. B. Steine, nämlich als »Amboss« zum Zerschmettern der Schneckenhäuser, um an die tief drinnen versteckten Fleischstücke zu gelangen.

Seite 24/25

Rätsel 23:

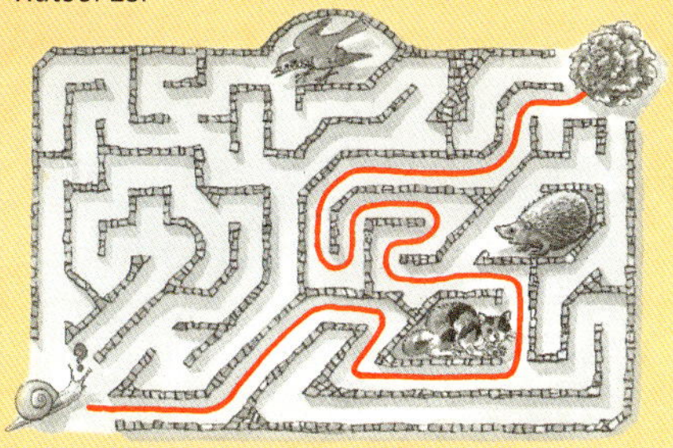

Rätsel 24:
C ist richtig. Aber dass Schnecken sich mit Schaum verteidigen, stimmt auch.

Rätsel 25:
Spinne, Regenwurm, Schnecke, Assel – IGEL

Rätsel 26:
2 – B, 3 – A, 4 – C

Rätsel 27:
10 Schneckenhäuser

Rätsel 28:
Nach fünf Tagen

Steckbrief:
Schnee, auf S. 26 und 28/29

Seite 26/27

Fall Nr. 5:
Eichhörnchen halten keinen Winterschlaf, sondern nur Winterruhe. Um wenig Energie zu verbrauchen, verschlafen sie die meiste Zeit des Winters. Allerdings ist ihr Schlaf niemals tief: Sobald sie die feinen Erschütterungen spüren, die ein Marder auf dem Ast ihres Nests auslöst, sind sie hellwach und sausen aus dem »Kobel«.Auch aus Hunger verlassen sie ihr Nest: Schnell wie eine Küchenmaschine raspeln sie die Samen aus den Fichtenzapfen oder sie suchen ihre Futterverstecke auf. Die haben sie im Herbst angelegt, an ähnlichen Stellen wie die Waldmaus: in Erd- und Baumlöchern oder verlassenen Vogelnestern. Kein Wunder also, wenn die Eichhörnchen auch mal deren Vorratskammern entdecken – und den Inhalt in ihren Magen umleiten.

Seite 28/29

Rätsel 29:
a) Krabbe, Steinbock
b) Blaumeise, Eichelhäher, Waldkauz, Rotkehlchen, Buntspecht
c) Rauchschwalbe (ist in Afrika), Fledermäuse (sind im Winterschlaf), Hermelin (hat jetzt ein weißes Fell), Nadeln der Lärche (links im Bild; nur bei diesem Nadelbaum fallen die Nadeln im Herbst ab!)
d) vier Rötel- und vier Waldmäuse
e) Stämme
f) Fuchs
g) hoppelnder Feldhase

Seite 30/31

Rätsel 30:
D – Eichelhäher (A – Rebhuhn, B – Stockente, C – Buntspecht, E – Bussard, F – Haustaube)

Rätsel 31

Steckbrief:
Der Strauch heißt Holunder und wächst auf S. 33.

Rätsel 32:
Fledermaus, Waschbär, Haselmaus, Waldkauz, Käfer, Star – MARDER

Rätsel 33:
SAMEN, STIEL

Rätsel 34:
1 – Ahorn, 2 – Weide, 3 – Eberesche, 4 – Tanne, 5 – Stechpalme, 6 – Eiche, 7 – Fichte, 8 – Haselnuss, 9 – Buche

Rätsel 35:
1 – A, 2 – C, 3 – B

Seite 32/33

Fall 6:
Der Specht kommt nicht in Frage, er frisst eher Ameisen ... Bienen sind auch scharf auf den »Honigtau«, den sie dann zu Waldhonig verarbeiten. Sie lecken die süßen Tropfen von den Blättern oder Nadeln ab; fressen müssen sie die Blattläuse nicht. Das tun mit Vorliebe die Marienkäfer. Auch ihre graugelb gefleckten, mit Zangen bewaffneten Larven räumen unter den Läusen auf, wenn sie nicht von den Ameisen vertrieben werden.

Seite 34/35

Rätsel 36:

Rätsel 37:
1 Kleiner Fuchs: L, 2 Maikäfer: A, 3 Heupferd: R, 4 Honigbiene: V, 5 Großlibelle: E, 6 Marienkäfer: N – LARVEN

Rätsel 38:
1 – W, 2 – R, 3 – L, 4 – H. WASSERSCHLAUCH

Rätsel 39:

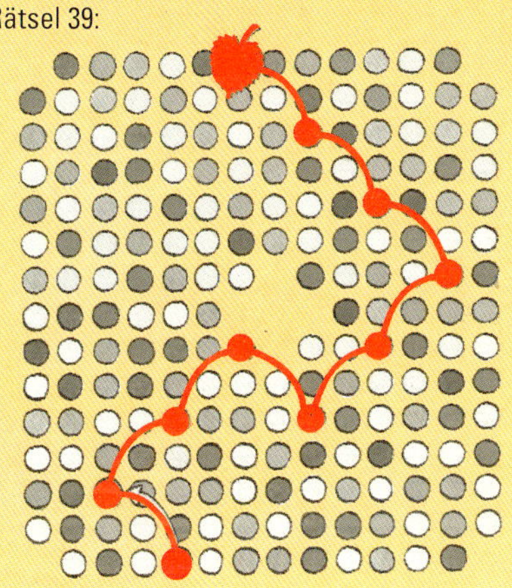

Steckbrief:
Die Zwergmaus versteckt sich auf Seite 11.

Seite 36/37

Rätsel 40:
Käfer 3 gibt es nicht.

Rätsel 41:
Schwebfliege – Margerite
Hummel – Salbei
Aurorafalter – Lichtnelke
Die vierte Futterpflanze ist der Haselstrauch.
Und wie heißt wohl das vierte Flügelwesen...?

Rätsel 42:
Insekten: WOLKEN, Nicht-Insekten: FASS

Rätsel 43:
Marienkäfer (B) und Ohrwurm (C) fressen Blattläuse.
A (Baumwanze) an b, D (Schwebfliege) an e

Rätsel 44:
Hagebutte

Rätsel 45:
NEKTAR

Hinweise →

Hier findest du noch ein paar Hinweise, die dir beim Lösen der Rätsel helfen.

Fall Nr. 1:
Vielleicht hilft dir Rätsel Nr. 24 weiter.

Rätsel 1:
Es sind die fünf blau-braun gesprenkelten Eier. Ihr Vater ist daneben abgebildet.

Rätsel 2:
Die Verbindungslinien kreuzen sich alle an einer Stelle.

Rätsel 3:
Achte auf die Umrisse der Vögel. Der Neuntöter heißt auch »Rotrückenwürger«.

Rätsel 4:
Zähle die Köpfe.

Fall Nr. 2:
Nach dem Täter wird auch im Rätsel Nr. 7 gefahndet. Er hat je zwei e, n, r und t im Namen.

Rätsel 7:
b) Die falschen Pflanzen sind je zweimal vorhanden, die Tiere je einmal.
d) Ein Greifvogel, der Fische fängt!
e) auch 13 Seiten weiter
f) Achte auf Sonne, Wind und Regen ...!
g) Jedenfalls springen sie 50 cm hoch.

Rätsel 9:
Die Lücken zählen nicht als Felder und dürfen nicht übersprungen werden. Ziel ist das große Feld mit den Möhren.

Rätsel 10:
Eine Spur ist von einem rasenden, eine von einem gemütlich hoppelnden, die dritte von einem sitzenden Hasen. Achte auf die Abstände zwischen den einzelnen Abdrücken!

Rätsel 11:
Die Hasenohren zeigen zwei der folgenden römischen Zahlen:
I = 1, II = 2, III = 3, IV = 4, V = 5, VI = 6, VII = 7, VIII = 8, IX = 9, X = 10

Fall Nr. 3:
Der Mond brachte Kommissar Focks auf die Spur.

Rätsel 12:
Die beiden anderen Schädel nicht mitzählen! Es sind 17 Rippen.

Rätsel 13:
Die größte Spitze der Sterne zeigt die Richtung des nächsten Schritts.

Rätsel 15:
Ein Regenwurm zählt als 3 g. Von den 12 Vorratswürmern ziehe 1/3, also das Gewicht von 4 Würmern, ab.

Rätsel 16:
Zu sehen sind: Hase, Fuchs, Igel, Adler, Luchs, Marder. Vier von ihnen jagen nachts.

Rätsel 19:
Links am Großen Wagen siehst du die Deichsel, ganz rechts die Hinterseite. Verlängere die Hinterseite fünfmal nach oben!

Fall Nr. 4:
Wenn du die Rätsel Nr. 25 und 2 liest und löst, erfährst du, wer nicht der Täter ist.

Rätsel 23:
Gefährlich für Schnecken sind nur Drossel und Igel.

Rätsel 25:
Das gesuchte Tier ist stachelig und hat die anderen Tiere zum Fressen gern.

Fall Nr. 5:
Der Täter taucht im Rätsel Nr. 12 auf und das macht ihn doch sehr verdächtig.

Rätsel 29:
a) Eins lebt am Meer, das andere hoch in den Alpen.
c) Gesucht werden drei Tierarten und die Teile eines Baumes.
e) Gibt's im Wald massenhaft!
g) Vielleicht ist es von Seite 15 bis hierher gelaufen?

Rätsel 31:
Suche den Weg zum Lager 2.

Rätsel 32:
Die sechs gesuchten Tiere haben ein A oder Ä im Namen. Eins davon (9 Buchstaben) ist ein paar Seiten weiter noch mal zu sehen.

Rätsel 33:
Das eine Lösungswort beginnt mit S, das andere endet mit N.

Fall Nr. 6:
Was die einzelnen Tatverdächtigen essen, erfährst du in den Rätseln Nr. 6, 23, 38 und 43.

Rätsel 37:
Mit dem dicken weißen Engerling beginnt's, die grauen, gelb gefleckten »Blattlauslöwen« gehören an den Schluss.

Rätsel 38:
Die gesuchte Pflanze erbeutet mit kleinen Fangblasen winzige Wasserkrebse – oder liegt zusammengerollt im Garten herum.

Rätsel 41:
Die »Kätzchen« der Hasel werden vom Wind bestäubt, nicht von Insekten.

Rätsel 42:
Hier krabbeln Assel, Eintagsfliege, Frosch, Libelle, Ohrwurm, Nashorn- und Kartoffelkäfer, Skorpion, Spinne und Wespe. Alle Insekten haben sechs Beine, Spinnen acht, Krebstiere zehn oder mehr.

Rätsel 45:
Winde, Seerose, Narzisse, Margerite, Glockenblume und Klee (nach dem wird auch an anderer Stelle gesucht!)